Marina Bolado Penagos

Validación de datos altimétricos en la Bahía de Algeciras y Estrecho de Gibraltar

GRIN Verlag

Bibliografische Information der Deutschen Nationalbibliothek:

Die Deutsche Bibliothek verzeichnet diese Publikation in der Deutschen Nationalbibliografie; detaillierte bibliografische Daten sind im Internet über http://dnb.d-nb.de/ abrufbar.

Imprint:

Druck und Bindung: Books on Demand GmbH, Norderstedt Germany
ISBN: 978-3-656-49343-3

This book at GRIN:

http://www.grin.com/es/e-book/232440/validacion-de-datos-altimetricos-en-la-bahia-de-algeciras-y-estrecho-de

UCA Universidad de Cádiz

FACULTAD DE CIENCIAS DEL MAR Y AMBIENTALES

DEPARTAMENTO DE FÍSICA APLICADA

TESIS DE MÁSTER

MÁSTER DE OCEANOGRAFÍA

VALIDACIÓN DE DATOS ALTIMÉTRICOS EN LA BAHÍA DE ALGECIRAS Y ESTRECHO DE GIBRALTAR

Memoria presentada por Marina Bolado Penagos para la obtención del título de Máster de Oceanografía por la Universidad de Cádiz.

En Puerto Real, a 21 de Noviembre de 2011.

AGRADECIMIENTOS

Parece mentira pero esto toca su fin. En primer lugar quiero agradecer a mis tutores de tesis de máster Jesús y Begoña la ayuda prestada, por la paciencia y todos los conocimientos adquiridos gracias a ellos.

A mis niñas, porque pueden pasar meses sin que nos veamos o hablemos pero no nos hace falta para saber que estamos ahí. A Tardío y Jose, porque estar en Cantabria sin vosotros no es lo mismo.

A mis compañeras y también amigas de la carrera, porque los 5 años que pasamos juntas son insuperables y pase lo que pase siempre estaremos cerca las unas de las otras. A mi "prima" jerezana, por las horas interminables en la sala de estudio, por los domingos en Chapín, por tu inglés... ¡porque eres única!

A todos mis compañeros del máster, sin vosotros esto no hubiese sido lo mismo. A Macarena, porque mejor compañera de interminables trabajos no podía tener, a Mercedes ¡por todo el "arte" que tiene!, a Marta, a Antonia...esto ¡Ana!, a Néstor, a Pablo, a Sil, a Gina, a Chata (chicas lo celebramos en Madrid)... bueno, ¡¡¡a tod@s!!! Y como no a Inma, que sabes que sin ti la ZEE no hubiese significado tanto. Gente, esto es un ¡hasta luego!

Gracias a todos los profesores del máster. Gracias a vosotros elegir estudiar este máster ha sido una de las mejores decisiones que he tomado nunca.

A mi familia, porque he llegado hasta aquí gracias a vosotros. Porque cuando os dije quiero irme a Cádiz a estudiar Ciencias del Mar no lo dudasteis ni un momento y me distéis esta oportunidad, nunca me cansaré de agradecéroslo. Sobre todo gracias a mi Poncho, porque confías en mí como nadie y no sabes la falta que me hace eso de vez en cuando.

Y por último, pero no por ello menos importante, muchas gracias a ti. Por la paciencia, por escucharme, por interesarte, por entenderme (o intentarlo), por estar tan cerca... ¡gracias Abraham!

Marina.

ÍNDICE GENERAL

VALIDACIÓN DE DATOS ALTIMÉTRICOS EN LA BAHÍA DE ALGECIRAS Y ESTRECHO DE GIBRALTAR

Bolado-Penagos, M.[1], Gómez-Enri, J.[1] y Tejedor, B.[1]

(1) Departamento de Física Aplicada. CASEM. Universidad de Cádiz. Av. República Saharaui s/n. 11510 Puerto Real (Cádiz).

RESUMEN

Las aplicaciones en Oceanografía costera empleando el sensor radar altimétrico se han convertido en un reto para la comunidad científica dedicada al uso de este instrumento. Próximas a costa, las medidas altimétricas pueden presentar menor calidad por dos motivos fundamentales: mala calidad de las correcciones aplicadas a la medida y la contaminación de tierra sobre la propia medida altimétrica.

En este trabajo, se ha validado los datos altimétricos del satélite ENVISAT, usando medidas de tres mareógrafos situados en la Bahía de Algeciras y en los puertos de Tarifa y de Ceuta. Se ha analizado siete años y ocho meses (2002-2010) de datos altimétricos de una traza descendente del satélite, que cruza la zona de estudio. Se ha realizado un análisis de las correcciones aplicadas a las señales radar: dos correcciones de marea (GOT00.2b y FES2004), dos correcciones troposféricas húmedas (MWR y ECMWF) y dos correcciones ionosféricas (DORIS e instrumento). Dos de los puntos de la traza se localizan en la Bahía de Algeciras y otros dos en el Estrecho de Gibraltar. El primer punto, situado más al norte de la Bahía presenta un 5.71% de valores válidos de Rango, mientras que en el segundo el porcentaje asciende hasta un 52.86%. El tercer y cuarto punto, muestran porcentaje de 81.43 y 95.71% respectivamente. Debido al bajo porcentaje obtenido en el punto 1, este ha sido eliminado del estudio.

Los coeficientes de correlación obtenidos indican un buen ajuste entre las series altimétricas AINM (altura instantánea del nivel del mar) y las medidas *in-situ*, en los tres puntos analizados. Las correlaciones más altas se dan en el punto 3, en torno a 0.9. Al comparar las medidas altimétricas y los datos *in-situ*, una vez eliminado el efecto de la marea, se obtienen coeficientes de correlación inferiores (0.6). Además, de los tres puntos altimétricos analizados, sólo en el punto 3 se obtienen resultados estadísticamente significativos. Esto indica la necesidad de aplicar un modelo de marea loca a los datos altimétricos en la zona de estudio.

Palabras clave: Altimetría radar, mareógrafo, validación, Bahía de Algeciras, Estrecho de Gibraltar.

ABSTRACT

The applications in Coastal Oceanography using the radar altimeter have become a challenge for the scientific community devoted to the use of this instrument.

Close to the coast, altimetry measurements can be of lower quality due to two reasons: the poor quality of the corrections applied to the measurements and the land contamination on the altimetry measurement itself.

In this research, altimetry data from ENVISAT satellite has been validated using measurements from three tide gauges located in Algeciras Bay, Tarifa and Ceuta. Altimetry data are from a descending satellite track, which intersects the study area. We analysed about seven years and eight months (2002-2010). An analysis of the corrections applied to the radar signals has been conducted: for two tidal corrections (GOT00.2b and FES2004), for the wet tropospheric correction (MWR and ECMWF) and for the ionospheric correction (DORIS and instrumental). Two track points are located in the Algeciras Bay and the other two in the Strait of Gibraltar. The first one, situated in the northern part of the Bay, presents 5.71 % of valid Range values, while for the second point this percentage rises to 52.86. The third and fourth points, both on the Strait, show percentage values of 81.43 and 95.71 respectively. Due to the low percentage presents in the first point, this has been removed from the research.

The correlation coefficients obtained show a good fit between the altimetry AINM series (instantaneous sea level height) and in-situ measurements in the three studied points. The highest correlations are given in the third point, about 0.9. When altimetry measurements and in-situ data are comparing, after moving tides contribution, correlation coefficients are lower (0.6). In addition, of the three analyzed altimetry points, just in point 3 the results are statistically significant. This indicates the need for a local tidal model in the study area.

Key words: Radar altimetry, tide gauge, validation, Algeciras Bay, Strait of Gibraltar.

1. INTRODUCCIÓN

La altimetría radar por satélite fue desarrollada para el estudio del océano abierto, donde gran parte de los procesos tienen lugar a nivel de macroescala, tanto espacial como temporal. Actualmente existe el reto en la comunidad científica de extender esta tecnología al estudio de zonas próximas a costa, entendiéndose por tal una franja relativamente estrecha de transición entre los dominios marino y terrestre. La dinámica costera presenta mayor complejidad, dándose fenómenos que presentan variabilidad espacial y temporal mucho más pequeña que en océano abierto, difíciles de observar utilizando un producto altimétrico estándar. Una gran parte del desarrollo y actividad económica a nivel mundial tiene lugar en las zonas costeras, de ahí la importancia de conocer con precisión los procesos físicos, químicos y biológicos que ocurren en las zonas costeras y su impacto en la dinámica de dichas regiones.

Los satélites altimétricos actuales son capaces de medir la altura instantánea de la superficie del mar con una precisión aproximada de 3 cm en océano abierto, pero esta precisión disminuye al acercarse a costa. En dicha zona, las observaciones altimétricas a menudo presentan menor precisión o incluso pueden llegar a ser no interpretables, debido a diversos factores como son la contaminación terrestre (presencia de tierra) de la señal altimétrica o una mala caracterización de algunas de las correcciones geofísicas aplicadas a la señal (Brooks *et al.,* 1998; Shum *et al.*, 1998).

Las misiones altimétricas han permitido transformar nuestra percepción de la Tierra y sus océanos. Fue en la década de los 70 a partir del interés suscitado por el conocimiento de la dinámica marina, cuando aparecen los primeros satélites equipados con un radar altimétrico: Skylab (a partir del cual se obtuvieron las primeras medidas de la ondulación del geoide marino), GEO-3 y Seasat. Las tres fueron misiones de la NASA (National Aeronautics and Space Administration), a los que siguieron otras misiones: Geosat, ERS-1/2, Envisat y Cryosat (Agencia Espacial Europea: ESA), Topex/Poseidon y Jason-1/2 (Centro Nacional de Estudios Espaciales: CNES (Francia) y NASA) y, GFO (Jet Propulsion Laboratory: JPL). Conforme han pasado los años las agencias espaciales han ido mejorando la precisión en la determinación de la altura orbital de los satélites altimétricos, reduciendo significativamente su error. Con el lanzamiento del satélite Topex/Poseidon en el año 1992 se alcanzó una precisión orbital a nivel de centímetro, lo que permitió grandes avances en la investigación marina y en la oceanografía operacional.

Con el fin de determinar la calidad de los datos altimétricos estos han de ser sometidos a un ejercicio de evaluación, ya que los datos altimétricos pueden presentar errores. A este proceso se le denomina validación. Dicha tarea de validación se hace fundamental cuando se trabaja con datos próximos a costa debido a los problemas comentados en las medidas por la cercanía a esta.

El objetivo fundamental de este trabajo es la validación de los datos altimétricos procedentes del sensor RA-2 a bordo del satélite Envisat en dos zonas muy próximas a regiones costeras: la Bahía de Algeciras y el Estrecho de Gibraltar. Para ello, las medidas altimétricas se han comparado con las obtenidas por varios mareógrafos localizados en la zona de estudio. Además, se estudiará el comportamiento de las variaciones del nivel del mar empleando distintas correcciones altimétricas: corrección troposférica húmeda, basada en el modelo ECMWF (modelo meteorológico), corrección troposférica húmeda, basada en las medidas realizadas por el radiómetro de microondas MWR, dos correcciones ionosféricas, DORIS (obtenida a partir del sistema de localización del satélite) y la obtenida por el propio radar y, dos correcciones globales de marea (GOT00.2b y FES2004). De esta forma, a partir de las comparaciones del nivel del mar del altímetro y las medidas *in-situ*, se podrá determinar cuáles de las correcciones presentan mejor correlación con las medidas *in-situ*. Las medidas altimétricas utilizadas se corresponden con el pase descendente del satélite Envisat por la Bahía de Algeciras y el Estrecho de Gibraltar. En esta zona de estudio se obtienen cuatro medidas a 1 Hz cada 35 días, distanciados cada uno de estos puntos entre sí por 7 km (Fig.1).

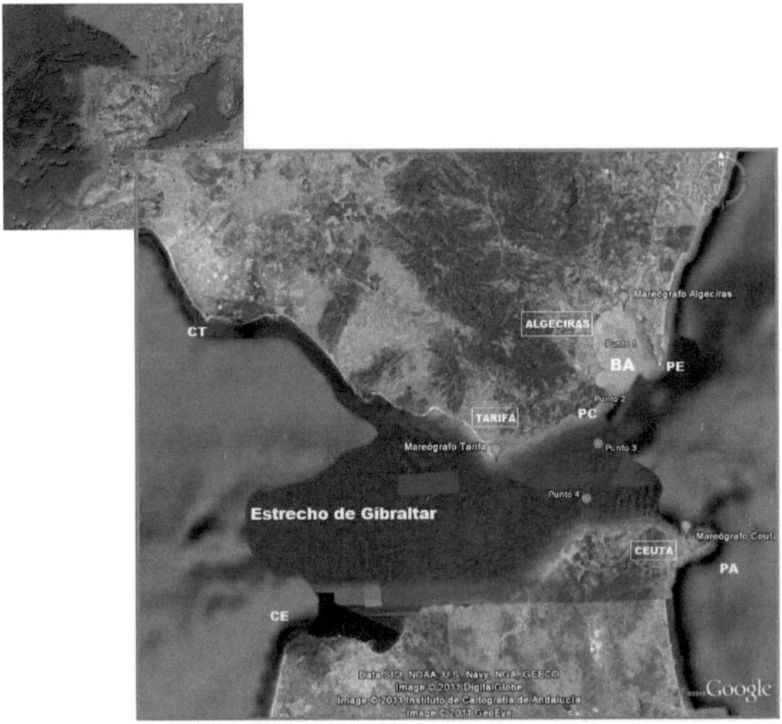

Figura 1.- Ubicación de los mareógrafos y puntos altimétricos y localización geográfica del Estrecho de Gibraltar y Bahía de Algeciras (BA) con sus principales accidentes geográficos (CT: Cabo Trafalgar, CE: Cabo Espartel, PC: Punta Carnero, PE: Punta Europa, PA: Punta Almina, RP: Río Palmones, RG: Río Guadarranque) (modificado de Google Earth, 2011).

2. ALTIMETRÍA

Los satélites altimétricos están provistos de un instrumento radar, el cual emite pulsos electromagnéticos con una frecuencia constante a una longitud de onda (perteneciente a las microondas). Estos pulsos viajan a través de la atmósfera y llegan hasta la superficie oceánica, donde se produce su reflexión. Una vez que se reflejan retornan hacia el radar. Los relojes internos de alta precisión a bordo del satélite, miden el tiempo que la señal electromagnética emplea en su viaje de ida y vuelta, a partir del cual se obtiene la distancia entre el centro de masas del satélite y la superficie observada. A esta distancia se le conoce como 'Rango' (en inglés '*Range*').

El radar altimétrico del satélite Envisat, posee una frecuencia de repetición del pulso de 1800 Hz. Con el fin de reducir el ruido asociado a las señales retorno, el instrumento realiza promedios de 100 señales, obteniéndose 18 señales retorno por segundo (18 Hz) (Roca *et al.,* 2007). Estas señales promediadas se envían a las estaciones de recepción de datos, donde posteriormente son procesadas para obtener los parámetros geofísicos. Esto se hace a través de un procesado de señal denominado *retracking*, por el cual se obtiene la información geofísica: altura de ola significativa (SWH), distancia entre el centro de masas del satélite y la superficie observada ('*Range*') y velocidad del viento en superficie (U_{10}). Posteriormente, los parámetros geofísicos obtenidos a 18 Hz se promedian, obteniéndose el producto estándar a 1Hz, denominado GDR (Geophysical Data Record) (ESA, 2006), que es el que se va a validar en este trabajo.

2.1. Correcciones altimétricas

La precisión de las medidas geofísicas mencionadas, va a depender de un conocimiento exhaustivo de la relación existente entre la potencia del pulso emitido y recibido. La radiación electromagnética generada por el altímetro se ve atenuada doblemente por su paso a través de la atmósfera. Además, la superficie oceánica absorbe y disipa una pequeña fracción de energía de la señal que también debe ser tenida en cuenta. Por lo tanto, la potencia de la señal recibida en el radar dependerá de las características disipadoras de la superficie oceánica, las propias características del instrumento y de la doble atenuación provocada por la atmósfera.

De esta forma, el retraso sufrido por la señal debido a los efectos comentados anteriormente ha de ser minimizado. Esto se consigue mediante las denominadas correcciones geofísicas:

. *Corrección troposférica seca*: corrige el efecto causado por las moléculas de aire en la troposfera y es proporcional a la presión atmosférica en la superficie oceánica.

. *Corrección troposférica húmeda*: corrige el efecto producido por las moléculas de agua en la troposfera. En el producto GDR utilizado en este trabajo, existen dos correcciones: troposférica húmeda radiométrica (obtenida a partir del radiómetro de microondas a bordo del satélite) y troposférica húmeda del modelo, obtenida a partir de un modelo meteorológico en el European Centre for Medium Weather Forecasting (ECMWF).

. *Corrección ionosférica*: corrige el retardo producido por el contenido de iones en la atmósfera. Es directamente proporcional al contenido total de electrones en la atmósfera e inversamente proporcional al cuadrado de la frecuencia del pulso emitido.

. *Corrección por estado del mar*: corrige el efecto producido por la interacción entre la señal radar y la superficie oceánica.

. *Corrección de marea oceánica*: para realizar estudios de la variabilidad de largo periodo del nivel del mar usando registros altimétricos, es necesario eliminar la señal generada por las mareas.

. *Corrección de marea polar*: corrige la respuesta oceánica a la variación tanto de la Tierra como de los océanos del potencial centrífugo generado por pequeñas perturbaciones en la rotación del eje terrestre.

- *Corrección de marea terrestre*: corrige el efecto producido por las deformaciones debidas a la fuerza de marea en la superficie terrestre por la acción conjugada de atracciones ejercidas por la luna y el sol.
- *Corrección dinámica atmosférica*: corrige las oscilaciones provocadas por la acción del viento y de la presión atmosférica. Resulta de la combinación de la corrección de alta frecuencia generada por el modelo barotrópico forzado por la presión y el viento (MOG2D) y, la corrección de baja frecuencia de barómetro invertido.

2.2. Altimetría Costera

Tras casi veinte años de altimetría por satélite, gran parte de las medidas cerca de costa se encuentran aún sin ser utilizadas, debido a dificultades intrínsecas en las correcciones a las que se debe someter a la señal (especialmente la componente troposférica húmeda, la señal atmosférica de alta frecuencia y las mareas), y problemas de contaminación de señales de tierra en la *huella* (área de la superficie iluminada por la señal radar) observada por el altímetro. La información obtenida a partir de las medidas cerca de costa, es de gran utilidad para el estudio de la circulación costera, la determinación de los cambios del nivel del mar (Cazenave and Nerem, 2004) o en los estudios sobre su impacto en la línea de costa. Además, suponen un lazo de unión entre las mediciones geodésicas terrestres y oceánicas (Anzenhofer *et al.*, 1999).

Varios estudios han tratado el problema del análisis de estos datos próximos a costa, y se han puesto en marcha diversas iniciativas con el fin de reformular el extenso registro de datos altimétricos costeros que permitan obtener toda la información posible. El primer intento para obtener información altimétrica en regiones oceánicas costeras mediante la mejora del procesamiento de datos fue el llevado a cabo por Manzella *et al.* (1997), quienes se centraron en recalcular la corrección troposférica húmeda para el altímetro a bordo del satélite ERS-1 en el Canal de Córcega. Crout (1998) examinó el potencial del Topex/Poseidon en regiones costeras empleando frecuencias de 1 Hz y 10 Hz (medidas realizadas cada 7 km y 750 metros respectivamente) pero sin obtener mejoras en las correcciones. Observó que sobre una topografía costera lisa la señal útil se recuperaba más próxima a costa que en el caso de terrenos con fuertes rugosidades. Anzenhofer *et al.* (1999) realizaron un amplio estudio de altimetría costera, teniendo en cuenta todos los factores relacionados con el reprocesamiento de la señal altimétrica. Describieron la generación de datos de altimetría costera y fueron los primeros en analizar en detalle distintos algoritmos de retracking (reprocesamiento de la señal).

Vignudelli e*t al.* (2000) realizaron un estudio con el fin de mejorar el modelo de marea, donde observaron la relación de la variabilidad estacional e interanual del flujo de agua a lo largo del Canal de Córcega, y la diferencia de nivel del mar entre dos mares adyacentes a partir de datos de Topex/Poseidon a 1 Hz, en combinación con datos procedentes de correntímetros y mareógrafos. Se demostró por primera vez en el mar Mediterráneo el potencial de la altimetría para estudios de seguimiento a largo plazo de intercambio de agua entre cuencas contiguas. Este trabajo dio lugar a la iniciativa conjunta franco-italiana ALBICOCCA (ALtimeter-Based Investigations in COrsica, Capraia and Contiguous Areas) financiado por el Centro Nacional de Estudios Espaciales francés (CNES) y por la Agencia Espacial Italiana (ASI). Uno de sus resultados fue la generación de un producto costero en el noroeste del Mediterráneo empleando una técnica del filtrado específica (Roblou and Lyard, 2004) junto con correcciones atmosféricas y de marea. Esto permitió una mejor caracterización de la variabilidad a escalas estacionales, cuyas conclusiones se encuentran en Vignudelli *et al.* (2005).

En los últimos años se han realizado varios estudios en los cuales se han tratado las limitaciones y posibles mejoras de la altimetría costera: Brooks *et al.* (1998), Deng *et al.* (2002), Dong *et al.* (2002), Fernandes *et al.* (2002) y Liebsch *et al.* (2002). En el Cooperative Institute for Oceanographic Satellite Studies (CIOSS) en cooperación con la National Oceanic and Atmospheric Administration (NOAA), se analizaron datos de la misión Geosat a 10 Hz (Lillibridge, 2005) y datos del Jason-1 a 20 Hz, usando modelos de corrección troposférica húmeda para evitar la contaminación en los datos obtenidos por el radiómetro de microondas a bordo, debido a la proximidad a tierra (CIOSS, 2006).

Existe consenso en el hecho de que la mejora de la altimetría en regiones oceánicas costeras, requiere el procesamiento de los datos altimétricos. Un ejemplo de lo citado podemos encontrarlo en el trabajo de Deng and Featherstone (2006) que reprocesaron los datos del ERS-2, o en Yi *et al.* (2006) donde se emplearon con éxito datos de Topex/Poseidon y varios reprocesadores de la señal, para medir cambios en el nivel del mar.

Más recientemente, el proyecto ALTICORE (value-added ALTImetry for COastal Regions) tuvo como principal objetivo alentar el uso operacional de la altimetría en costa, mejorando la disponibilidad y calidad de datos altimétricos de regiones costeras de algunos mares europeos. El proyecto ReCoSeTo (Regional Coastal Sea Level Change and Sea Surface Topography in Europe), se basó en la utilización de datos a 10 Hz y la mejora en las correcciones en altímetros adecuados para zonas costeras así como el reprocesado de la señal altimétrica (Beckers and Fenoglio, 2006).

El proyecto COASTALT (financiado por la ESA), tuvo como principal objetivo reprocesar datos altimétricos próximos a la costa, mediante el desarrollo de un procesador, de datos específico para las zonas costeras, generando un producto altimétrico a 18 Hz con una precisión al menos del mismo orden de magnitud que la conseguida con los datos a 1 Hz en mar abierto. Así mismo, el CNES ha financiado otro proyecto de gran relevancia PISTACH (Prototype Innovant de Système de Traitament pour les Applications Côtières et l'Hydrologie), con el fin de mejorar el producto altimétrico obtenido en la misión Jason-2. En este caso el objetivo se centraba no sólo en regiones próximas a costa, sino también en aguas continentales.

2.3. Calibración y validación

Para garantizar la precisión de los instrumentos a bordo de satélites y determinar la calidad de los datos altimétricos, son necesarios procesos de calibración exhaustivos y de validación de las distintas misiones satelitales. Las actividades de calibración comienzan antes de que el satélite sea puesto en órbita, extendiéndose durante toda la vida del satélite. El conjunto de actividades llevadas a cabo en la calibración están encaminadas a la validación de las señales altimétricas. Para asegurarse la calidad de los datos altimétricos, son imprescindibles las comparaciones respecto de medidas *in-situ*, a partir de las cuales se obtendrán diferentes parámetros geofísicos como el nivel del mar, la velocidad del viento o la altura de ola significante.

Se han realizado estudios previos de calibración y validación de datos altimétricos a partir de medidas tomadas *in-situ* como el llevado a cabo por Martínez-Benjamín *et al.* (2010). En este trabajo se realizó la calibración de los satélites TOPEX y Jason-1 en el Mediterráneo Occidental mediante el uso de boyas GPS y mareógrafos con el fin de determinar el geoide marino local. Otro estudio de validación de datos altimétricos en este caso a partir de medidas *in-situ* proporcionadas por un mareógrafo, fue el realizado por López-León (2009) en el Golfo de Cádiz, donde la buena correlación determinada entre los datos *in-situ* y los datos altimétricos han permitido establecer el Golfo de Cádiz como un punto de referencia para futuras validaciones altimétricas.

El presente trabajo es el primero basado en la validación de datos altimétricos en la Bahía de Algeciras y Estrecho de Gibraltar. En virtud de la favorable localización de la traza altimétrica del satélite Envisat en la zona de estudio (Fig.1) y la disponibilidad de series de medidas *in-situ* obtenidas por mareógrafos en distintos puntos de la zona, la Bahía de Algeciras y el Estrecho de Gibraltar es una zona interesante para investigaciones altimétricas. Se trata de una zona con unas características físicas particulares, en la que debido a su situación estratégica y a su característica morfología, se realizan numerosos proyectos y estudios oceanográficos (estudio de la hidrodinámica mareal, presencia de ondas internas, etc.), además de actividades de índole social (pesquerías, navegación). Con el fin de alcanzar la correcta gestión y aprovechamiento de los recursos en un ambiente como este, se precisa el minucioso conocimiento tanto de los factores físicos como de los sociales, a lo que puede contribuir el estudio de la altimetría.

3. ZONA DE ESTUDIO

La altimetría da una visión sinóptica de lo que ocurre a nivel global en los océanos, permitiendo obtener información de otros dominios oceánicos de menor escala espacial, como son mares marginales o estrechos cuyo estudio tiene gran importancia, no sólo por la seguridad marítima o usos militares. Además, los datos derivados de la altimetría pueden contribuir a los estudios científicos llevados a cabo en estas zonas. Este es el caso de la zona de estudio del presente trabajo de investigación: Estrecho de Gibraltar y Bahía de Algeciras (Fig.1).

El Estrecho de Gibraltar cuenta con una anchura mínima de 14 km, mientras que la Bahía de Algeciras tan sólo presenta 8 km de anchura en la boca de la misma y una longitud aproximada de 10 km. Es un canal de geometría irregular localizado al sur de la península Ibérica, separando los continentes europeo y africano. Se trata de la única conexión entre el mar Mediterráneo y el océano Atlántico, a partir de una separación estrecha y poco profunda (umbral de Camarinal), orientado en dirección este-oeste, y longitud en torno a los 60 km. Su límite occidental está constituido por una línea imaginaria que une el cabo Trafalgar (Península Ibérica), con el cabo Espartel (Marruecos), mientras que su límite oriental lo determina la línea imaginaria que separa Punta Europa de Punta Almina (Fig.1).

La estructura del flujo presente en el Estrecho está condicionada por la unión de cuerpos de agua, con características dinámicas muy distintas. La masa de agua atlántica, menos densa y con menor valor de salinidad, penetra en superficie hacia el Mediterráneo, mientras que la masa mediterránea, mayor densidad y salinidad que la anterior, lo hace en profundidad hacia el Atlántico. El océano Atlántico y el mar Mediterráneo se comunican a través de un escenario baroclino, ampliamente estudiado, impulsado por las pérdidas por evaporación en el Mediterráneo (García-Lafuente *et al.*, 2000).

La Bahía de Algeciras es un dominio de aguas profundas localizado al suroeste de la costa española Mediterránea, al sur de la península Ibérica, delimitada por Punta Carnero (al Este) y Punta Europa (Gibraltar) (Fig.1). Se trata de un cuerpo de agua semicerrado que alberga una superficie de agua de unas 7.500 hectáreas. La batimetría en esta zona está caracterizada con la presencia de un cañón submarino a lo largo de su eje longitudinal que comienza próximo a costa al norte de la Bahía (coincidiendo con las desembocaduras de los ríos Guadarranque y Palmones) y discurre por el centro de la Bahía. En las cercanías de costa se dan profundidades en torno a los 15 metros, aumentando al adentrarse en la bahía llegándose a alcanzar valores de hasta 400 metros en el centro de la Bahía y hasta casi los 500 metros en la boca de la misma.

Está enmarcada en el entorno del Estrecho de Gibraltar, por lo que su hidrodinámica se verá condicionada por la dinámica del mismo. Las masas de agua encontradas en el interior de la Bahía son cualitativamente las mismas que las encontradas en el Estrecho (PCACG, 2008). Además de la influencia del Estrecho, la hidrodinámica de la Bahía se ve condicionada por el régimen de vientos al que se encuentra sometida la zona de estudio (PCACG, 2008).

Hasta la actualidad la hidrodinámica de la zona de estudio ha sido estudiada a partir de medidas de las distintas variables geofísicas: altura del nivel del mar, corrientes, temperatura, así como de modelos físico-matemáticos. Desde el punto de vista de la Oceanografía Física, el Estrecho de Gibraltar ha servido de escenario para múltiples estudios científicos: Armi and Farmer (1985), García-Lafuente (1986), González *et al.* (1995), Mañanes (1996), Izquierdo (1999), Tejedor *et al.* (1999), Bruno *et al.* (2002), López-Escobar (2006). En el caso de la Bahía de Algeciras aunque se han publicado diferentes trabajos en cuanto a las características geoquímicas y biológicas de la misma Morillo y Usero (2008), González-Fernández (2009), existen menos trabajos referentes a la hidrodinámica que en el caso del Estrecho (González *et al.*, 2009).

A partir de este trabajo se pretende validar la información altimétrica en la zona de estudio, con el fin de que ésta pueda utilizarse como herramienta paralela a esos estudios, ya que gracias a la altimetría se obtienen extensas series de datos que pueden completar los registros de datos ya disponibles.

4. MATERIAL Y MÉTODOS

4.1. Datos altimétricos

Para validar los datos altimétricos en la Bahía de Algeciras y en Estrecho de Gibraltar, las medidas altimétricas utilizadas han sido obtenidas a partir de una sección de la traza descendente del satélite a su paso por el área de estudio. El período de tiempo empleado abarca un total de siete años y ocho meses: noviembre 2002 (ciclo 11) a junio de 2010 (ciclo 90).

Las distancias existentes entre los cuatro puntos altimétricos analizados (medidas a 1 Hz) y los mareógrafos empleados se recogen en la tabla 1.

Tabla 1.- Distancias existentes entre los diferentes mareógrafos empleados para el estudio, y los puntos del satélite Envisat. En negrita aparecen las distancias más pequeñas existentes entre los distintos mareógrafos y los puntos altimétricos.

	ALGECIRAS 36º10'37'' N, 5º23'54'' W	TARIFA 36º00' N, 5º36' W	CEUTA 35º 54' N, 5º19' W
PUNTO 1 36º8'57.36 N, 5º24'14.26'' W	**3.12 km**	24.23 km	28.84 km
PUNTO 2 36º5'1.48 N, 5º25'25.36'' W	10.62 km	18.40 km	22.61 km
PUNTO 3 36º1'5.61 N, 5º26'36.36'' W	18.13 km	14.24 km	17.42 km
PUNTO 4 35º57'9.68 N, 5º27'47.27'' W	25.63 km	**13.41 km**	**14.44 km**

Admitiendo como hipótesis que la onda de marea se propaga como una onda libre, en una primera aproximación se puede admitir que la celeridad con la que se propaga la onda viene dada por la expresión $c = \sqrt{g \cdot h}$ donde 'c' es la velocidad de propagación (m/s), 'g' gravedad (m/s^2) y 'h' la profundidad. Admitiendo como periodo de la onda de marea 12.42 horas, correspondiente al armónico M_2, se han calculado los desfases temporales entre los puntos altimétricos y los mareógrafos los cuales son inferiores a los cinco minutos, periodo de muestreo de los mareógrafos. Pudiendo admitir que no existe desfase temporal entre las distintas medidas, por lo que se puede correlacionar linealmente las medidas *in-situ* de todos los mareógrafos con las altimétricas.

En cada uno de los puntos de muestreo altimétricos, se obtuvo series temporales de la altura instantánea del nivel del mar según la ecuación (1):

AINM = Órbita – Rango – [Correcciones Geofísicas + Corrección Instrumental USO] – Nivel medio del mar (1)

La Órbita (*satellite altitude*) es la altura existente entre el satélite y la superficie de referencia, en este caso el elipsoide WGS84 (definido por un radio ecuatorial de -6378.137 km y un coeficiente de aplanamiento de 1/298.257223) (Fig.2). Como ya se comentó anteriormente, el 'Rango' es la distancia entre el centro de masas del satélite y la superficie observada. Las Correcciones Geofísicas aplicadas son: troposférica húmeda, troposférica seca, ionosférica y corrección por estado del mar. La corrección instrumental USO corrige un problema detectado en los relojes internos del radar altimétrico. El nivel medio del mar (Hernández and Schaeffer, 2001)[1] incluye el geoide marino y la topografía dinámica media.

Las series temporales de AINM tienen en cuenta las dos correcciones troposférica húmeda (instrumental y del modelo ECMWF) y las dos correcciones ionosférica (instrumental y DORIS). Al generar las distintas series temporales hay que tener en cuenta los límites de valores máximos y mínimos establecidos para cada una de las correcciones geofísicas (Tabla 2), ya que en el caso de que alguna de las correcciones esté fuera de los límites establecidos no podrá construirse la serie temporal. Las cuatro series de AINM así obtenidas se compararán con los registros de los mareógrafos.

[1] *Nivel medio CLS01 (Collected Localisation Satellite)*: se corresponde con el nivel medio del mar calculado a partir de 7 años de datos procedentes de Topex/Poseidon, 5 años de ERS-1/2, 2 del Geosat y datos geodésicos ERS-1, que se homogeneizaron y procesaron para calcular la superficie del mar en una malla regular. AVISO.

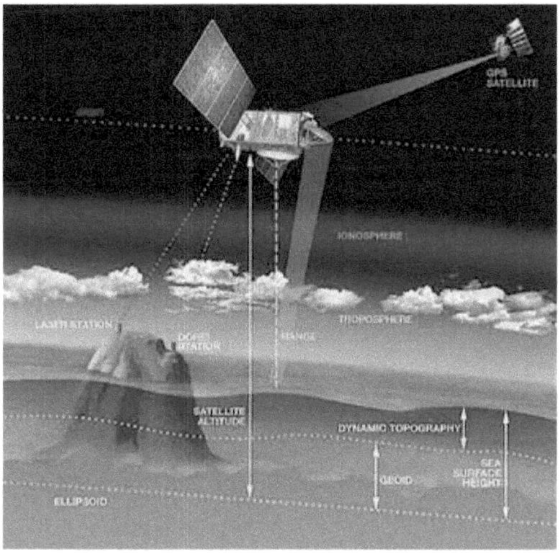

Figura 2.- Principio de Altimetría (www.aviso.oceanobs.com).

Tabla 2.- Rango de valores de cada corrección para océano abierto (modificado de COASTALT, 2011).

Min. Valor	Parámetros	Max. Valor	Unidad (SI)
-2,5	Corrección troposférica seca	-1,9	m
-0,5	Corrección troposférica húmeda	-0,001	m
-0,4	Corrección ionosférica	0	m
-0,5	Corrección por estado del mar	0	m
-5	Corrección de marea oceánica	5	m
-1	Corrección de marea terrestre	1	m
-5	Corrección de marea polar	5	m

4.2. Datos *in-situ*

Para poder validar los datos altimétricos, se han elegido medidas instantáneas del nivel del mar utilizando tres mareógrafos situados en la zona de estudio (Fig.1). Dichos instrumentos se localizan en la Bahía de Algeciras, Tarifa y Ceuta.

El mareógrafo de Algeciras está situado en el puerto (Fig.1), en el pantalán de CEPSA, al norte de la Bahía de Algeciras. Pertenece a la Red de Mareógrafos de Puertos del Estado REDMAR, instalado en julio de 2009. Se trata de un mareógrafo de radar MIROS (MIROS A/S) preparado para medir nivel del mar y agitación portuaria de oleaje. El sensor emite una señal de microondas y recibe el eco de la superficie del agua. El retraso en la propagación de la señal debida a la distancia de la antena a la superficie del agua provoca un pulso en el receptor. La señal es convertida en distancia por medio de un procedimiento avanzado.

El sensor radar está colocado sobre la superficie del agua, apoyado en los muros laterales de la parte inferior del pantalán. La transmisión se realiza por GPRS a la Autoridad Portuaria y a Puertos del Estado, enviando datos por correo electrónico cada minuto.

Se ha trabajado con datos del mareógrafo del puerto de Algeciras correspondientes al período de tiempo comprendido entre agosto de 2009 y junio de 2010. Para poder comparar las medidas altimétricas con las *in-situ* se han seleccionado los datos simultáneos medidos por el mareógrafo utilizando la serie de medidas instantáneas, con periodo de muestreo de 5 minutos, facilitados por Puertos del Estado, estas series han sido sometidas previamente a controles de calidad.

Los otros dos mareógrafos con los que se ha trabajado pertenecen a la red de mareógrafos del Instituto Español de Oceanografía (IEO). Uno de ellos se encuentra ubicado en el puerto pesquero de Tarifa y el otro en el puerto de Ceuta (Fig.1).

La serie histórica del nivel del mar de estos dos mareógrafos están referidos al denominado cero del mareógrafo, en notación inglesa *tide gauge zero* (TGZ). Se trata de un mareógrafo (tanto en el caso de Tarifa como en el de Ceuta) mecánico de flotador con salida gráfica y digital. Realiza una medida directa, basada en el movimiento ascendente y descendente del flotador.

En la siguiente tabla (Tabla 3) se resume el período de tiempo al que corresponde cada una de las series de datos *in-situ*, y el número de datos existentes en cada período para cada uno de los puntos.

Tabla 3.- Número de medidas *in-situ* disponibles para cada uno de los mareógrafos empleados en el estudio y número de datos altimétricos válidos en el período de estudio.

	Período de tiempo	Número de datos in-situ	Número de datos altimétricos válidos			
ALGECIRAS	Agosto 2009 - Junio 2010	9	Punto 1 1	Punto 2 5	Punto 3 9	Punto 4 7
TARIFA	Noviembre 2002 - Diciembre 2005	26	Punto 1 2	Punto 2 15	Punto 3 19	Punto 4 26
CEUTA	Noviembre 2002 - Diciembre 2006	34	Punto 1 2	Punto 2 21	Punto 3 27	Punto 4 35

Como se ha mencionado, las cuatro series temporales de AINM generadas en los puntos de la traza utilizada, se compararán con los datos instantáneos tomados *in-situ* por cada uno de los mareógrafos (referidos al cero del mareógrafo). Se ha obtenido el coeficiente de correlación (índice a partir del cual se mide la relación lineal entre dos variables cuantitativas), entre las series altimétricas e *in-situ*. Los coeficientes de correlación han sido sometidos a test estadístico lo que nos permitirá determinar dichos coeficientes con un nivel de confianza del 95%. De esta forma se determinará con qué combinación de correcciones geofísicas los datos altimétricos presentan una mejor correlación con las medidas *in-situ*, lo que nos permitirá validar dichos datos.

El análisis estadístico se ha llevado a cabo utilizando dos programas informáticos, Golden Software Grapher y R-Commander. Además los resultados se han representado utilizando el programa SigmaPlot 8.0.

5. RESULTADOS

5.1. Perfiles Órbita – Rango

Antes de realizar la comparación entre los datos altimétricos e *in-situ*, se ha realizado un análisis de la calidad de las medidas altimétricas (Rango) en cada uno de los puntos de muestreo. Esto se ha hecho calculando la diferencia entre los valores de Órbita y Rango, lo cual permite determinar de forma indirecta medidas de Rango anómalas. Con este análisis será posible conocer el porcentaje de valores de Rango válidos en cada uno de los puntos de muestreo altimétrico. Se ha establecido previamente un rango de variación de Órbita-Rango, que para la zona de estudio es de [38, 41] m.

En la figura 3 se muestra las series temporales de Órbita-Rango en los puntos 1, 2 y 3, comparándolos con el punto 4, que es el que mayor porcentaje de valores tiene dentro del límite establecido. La tabla 4 resume los porcentajes en los cuatro puntos, observándose un incremento en los valores a medida que el satélite se aleja (en sentido descendente) de tierra. Teniendo en cuenta estos resultados, el punto 1 no va a ser utilizado a partir de ahora, ya que presenta un número excesivo de medidas anómalas de Rango.

Las medidas de Rango anómalas pueden deberse a dos motivos. En primer lugar, un mal funcionamiento del instrumento, lo cual se descarta ya que los informes consultados sobre la calidad de las medidas radar, no indican tal circunstancia para la zona de estudio y en el periodo de tiempo utilizado. En segundo lugar, el efecto que sobre la señal radar tiene la cercanía de la tierra. El pulso electromagnético emitido por el radar llega a la superficie e ilumina un determinado área de la misma, lo que se conoce como *huella*. La interacción y reflexión del pulso va a depender del tipo de superficie que esté siendo observada por el radar. Si en un punto de muestreo altimétrico el área iluminada contiene tanto superficie oceánica como terrestre, se da lo que se denomina "contaminación terrestre de la *huella*". Al estar los puntos de muestreo altimétrico utilizados en este trabajo muy cerca de costa, la *huella* oceánica del radar puede verse contaminada por la presencia de tierra, lo cual repercute en la cantidad de energía reflejada y posteriormente recibida por el radar y por lo tanto en la estimación del Rango.

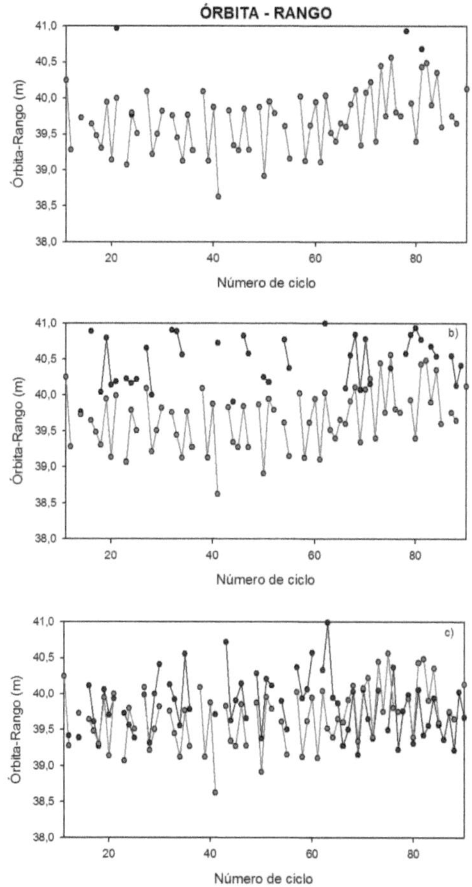

Figura 3.- Evolución temporal Órbita – Rango. (a) Comparación resultados obtenidos en el punto 1 y punto 4, (b) comparación resultados obtenidos en el punto 2 y punto 4, (c) comparación resultados obtenidos en el punto 3 y punto 4.

Tabla 4.- Número y porcentaje de valores de Órbita-Rango dentro del intervalo establecido.

	DATOS DENTRO DEL LÍMITE	PORCENTAJE
Punto 1 36°8'57.36"N, 5°24'14.26"W	4 de 70	5.71 %
Punto 2 36°5'1.48"N, 5°25'25.36"W	37 de 70	52.86 %
Punto 3 36°1'5.61"N, 5°26'36.36"W	57 de 70	81.43 %
Punto 4 35°57'9.68"N, 5°27'47.27"W	67 de 70	95.71 %

Para el RA-2, el radio de la *huella* oscila entre 2 y 10 km dependiendo del estado del mar, la altura de la ola o la ondulación del terreno (Connor *et al.*, 2009). En función de cuáles sean las condiciones de rugosidad de la superficie de reflexión, el radio abarcado por la *huella* del pulso electromagnético será mayor o menor. La proyección de este pulso sobre la superficie oceánica consiste en un área cuasi-circular con un determinado radio (Chelton *et al.*, 2001). En el caso de una superficie plana, en la que las condiciones oceánicas y atmosféricas son favorables, el tamaño de *huella* es más estrecho (2 km de radio), mientras que si se trata de una superficie sometida a fuerte oleaje, condiciones atmosféricas adversas, el radio del área iluminada puede verse incrementado hasta los 10 km (Radar Altimetry Tutorial, 2011).

En la siguiente figura (Fig.4) se representa cómo sería el área total de las 20 medidas utilizadas para la estimación del Rango en cada una de las medidas de 1 Hz en la zona de estudio del presente trabajo.

El área de la señal radar en el primero de los puntos de estudio, es el área con mayor cantidad de superficie terrestre de los cuatro puntos altimétricos. Esta presencia de tierra explicarán los resultados obtenidos en cuanto a número de valores anómalos de Rango. A partir de los perfiles Órbita-Rango se desechaba el punto 1 debido al bajo porcentaje de valores dentro del intervalo establecido. Como se puede observar en la figura 4, el área de la señal radar en el segundo punto se ve contaminada por la presencia de tierra pero en menor medida que en el punto 1. En los puntos 3 y 4 la presencia de tierra es menor, conteniendo mucha más superficie oceánica que en los anteriores, de ahí que en estos dos últimos puntos el porcentaje de valores anómalos para el Rango sea mucho más pequeño.

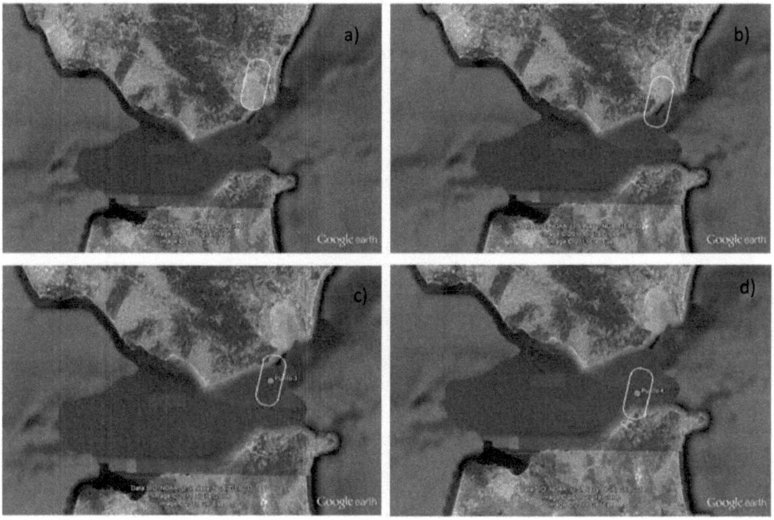

Figura 4.- *Huella* de la señal altimétrica del satélite Envisat. a) Para el punto altimétrico 1, b) para el punto altimétrico 2, c) para el punto altimétrico 3 y d) para el punto altimétrico 4 (Google Earth 2011).

5.2. Validación de datos altimétricos

La validación se ha realizado comparando las alturas instantáneas del nivel del mar obtenidas con el altímetro (AINM), con las variaciones del nivel del mar obtenidas a partir de varios mareógrafos situados en la zona de estudio (ins_AINM). Las medidas *in-situ* han sido tomadas coincidiendo con el día y hora del pase del satélite en cada uno de sus ciclos (cada 35 días) por la zona de estudio.

Uno de los objetivos de este trabajo es la determinación del conjunto de correcciones geofísicas que deben aplicarse a los datos altimétricos que permitan obtener el mayor grado de correlación entre AINM e ins_AINM. A tal efecto se han generado cuatro series temporales altimétricas.

- AINM_MWR_DORIS: Altura instantánea del nivel del mar teniendo en cuenta la corrección troposférica húmeda radiométrica propia del radiómetro MWR y la corrección ionosférica DORIS.
- AINM_ECMWF_DORIS: Altura instantánea del nivel del mar teniendo en cuenta la corrección troposférica húmeda empleando el modelo meteorológico ECMWF y la corrección ionosférica DORIS.
- AINM_MWR_INSTR: Altura instantánea del nivel del mar teniendo en cuenta la corrección troposférica húmeda radiométrica propia del radiómetro MWR y la corrección ionosférica debida al instrumento.
- AINM_ECMWF_INSTR: Altura instantánea del nivel del mar teniendo en cuenta la corrección troposférica húmeda empleando el modelo meteorológico ECMWF y la corrección ionosférica debida al instrumento.

Debemos tener presente que las alturas instantáneas del nivel del mar que se van a analizar aún contienen el efecto de la marea y las oscilaciones provocadas por agentes meteorológicos (presión atmosférica y viento).

Mareógrafo de Algeciras

Al comparar las series altimétricas con la serie obtenida con el mareógrafo de Algeciras sólo de dispone se 9 datos. Los coeficientes de correlación (r) obtenidos en los puntos altimétricos 2 y 4 no son estadísticamente significativos para un nivel de confianza del 95%, motivo por el cual no van a ser tenidos en cuenta. La tabla 5 muestra los coeficientes de correlación obtenidos en el punto 3.

El punto 2 presenta menor distancia al mareógrafo y además está en la propia Bahía, por lo que cabría pensar que la mejor correlación entre las series altimétricas y la serie de datos *in-situ* se diese en este punto. Pero esto no es así, debido a que tan sólo se cuenta con 3 datos válidos para las series MWR_DORIS y ECMWF_DORIS, y 4 para MWR_INSTR y ECMWF_INSTR.

Este es el motivo por el cual el coeficiente de correlación obtenido no es estadísticamente significativo.

En el punto 4 las series altimétricas MWR_DORIS y ECMWF_DORIS cuentan con 7 datos válidos, mientras que las series MWR_INSTR y ECMWF_INSTR tienen 6. Al emplear la corrección DORIS el número de datos que constituyen la serie altimétrica es menor que el número para estas mismas series en el punto 3 (9 datos válidos). Este resultado no coincide con lo que se ha observado en los perfiles de Órbita-Rango, donde en el punto 4 se obtenían menos valores anómalos del Rango. Pero en el período de estudio en el que se emplean datos *in-situ* del mareógrafo de Algeciras (Tabla 3), en el punto 4 se dan dos valores anómalos de Rango, mientras que en el tercer punto no aparece ninguno. Este es el motivo por el que el número de datos de las series altimétricas disminuye en el cuarto punto.

Para el punto 3 los coeficientes de correlación obtenidos presentan un buen ajuste entre las series altimétricas generadas a partir de las dos correcciones troposférica húmeda y la corrección ionosférica DORIS y las medidas *in-situ*. No se muestran resultados para la corrección ionosférica del instrumento ya que las series generadas a partir de dicha corrección ionosférica tan sólo presentan 6 datos, lo que hace que al comparar las series altimétricas con la serie de datos observados aparezcan coeficientes de correlación no estadísticamente significativos. La corrección ionosférica del instrumento se obtiene a partir de las medidas del Rango, por lo tanto, si la calidad del valor del Rango es mala, la correspondiente corrección ionosférica no va a tener la suficiente calidad.

Tabla 5.- Análisis estadístico para las AINM del punto 3 respecto al mareógrafo de Algeciras. En la tabla se presentan el número de datos analizados así como el coeficiente de correlación obtenido.

PUNTO 3 36º1'5.61"N, 5º26'36.36"W		
Distancia al mareógrafo 18.13 km	Número de datos	r
AINM_MWR_DORIS	9	0.71
AINM_ECMWF_DORIS	9	0.72

Mareógrafo de Tarifa

En este caso, los coeficientes de correlación en el punto 3 presentan valores superiores a los obtenidos con el mareógrafo de Algeciras. En la figura 5 se muestra la comparación de la variación del nivel instantáneo del mar en el punto 3 de estudio a partir de datos altimétricos (como ejemplo se ha representado AINM_ECMWF_INSTR), y los datos tomados *in-situ*. Los resultados obtenidos entre las distintas series temporales y este mareógrafo se representan en la tabla 6. Los coeficientes de correlación obtenidos son estadísticamente significativos para un intervalo de confianza del 95% en los tres puntos de la traza (los cuales se encuentran a una distancia similar del mareógrafo). Las correlaciones más altas con este mareógrafo se dan para el punto 3, no observándose diferencias significativas al emplear las distintas correcciones geofísicas, al obtenerse prácticamente el mismo coeficiente de correlación en los cuatro. Esto mismo ocurre en el punto 4, aunque el coeficiente de correlación es en torno a un 15% inferior respecto a los resultados obtenidos en el punto 3. En el punto 4 se dan peores resultados que en el punto 3. En el punto 2, el más próximo a costa de los tres, es el único de los tres en el que se dan diferencias entre las correcciones utilizadas, constatándose un mejor coeficiente de correlación para la serie altimétrica obtenida con las correcciones ECMWF e INSTR, a pesar de tener un menor número de datos válidos.

Mareógrafo de Ceuta

Al igual que en el caso de Tarifa, al realizar la comparación del nivel instantáneo del mar entre los datos altimétricos y las medidas *in-situ*, las series temporales que presentan mayor coeficiente de correlación respecto a las medidas del mareógrafo son las series generadas a partir de la corrección troposférica húmeda ECMWF y las dos correcciones ionosférica (DORIS e INSTR). En la figura 6 se representa las variaciones de altura instantánea del nivel del mar del punto 3, a partir de los datos altimétricos (serie

AINM_ECMWF_INSTR) y las medidas realizadas por el mareógrafo situado en Ceuta.

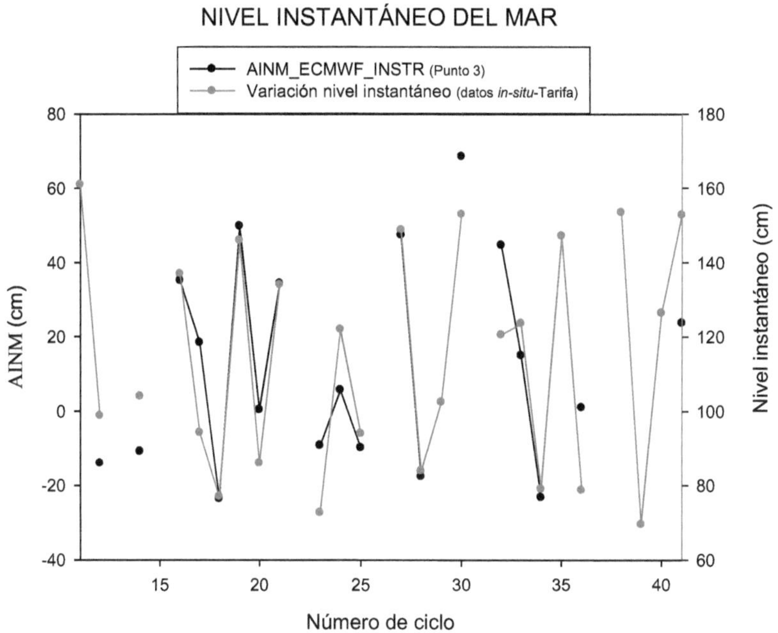

Figura 5.- Comparación de la variación del nivel instantáneo del mar a partir de datos observados (rojo): mareógrafo de Tarifa y, los datos altimétricos (negro) en el punto 3.

Tabla 6.- Análisis estadístico para las AINM de los puntos 2,3 y 4 respecto al mareógrafo de Tarifa. En la tabla se presentan el número de datos analizados así como el coeficiente de correlación obtenido.

PUNTO 2 36º8'57.36"N, 5º24'14.26"W			**PUNTO 3 36º1'5.61"N, 5º26'36.36"W**			**PUNTO 4 35º57'9.68"N, 5º27'47.27"W**		
Distancia al mareógrafo 18.40 km	Número de datos	r	Distancia al mareógrafo 14.24 km	Número de datos	r	Distancia al mareógrafo 13.41 km	Número de datos	r
AINM_MWR_DORIS	14	0.69	**AINM_MWR_DORIS**	19	0.84	**AINM_MWR_DORIS**	26	0.69
AINM_ECMWF_DORIS	14	0.73	**AINM_ECMWF_DORIS**	19	0.85	**AINM_ECMWF_DORIS**	26	0.7
AINM_MWR_INSTR	9	0.72	**AINM_MWR_INSTR**	19	0.85	**AINM_MWR_INSTR**	24	0.69
AINM_ECMWF_INSTR	9	0.78	**AINM_ECMWF_INSTR**	19	0.86	**AINM_ECMWF_INSTR**	24	0.69

El análisis de regresión muestra resultados muy similares a los obtenidos al emplear el mareógrafo de Tarifa (Tabla 7). La serie temporal de este mareógrafo es muy superior a la de los otros mareógrafos lo que nos permite aumentar el número de datos simultáneos altimétricos e *in-situ*. El punto 3 vuelve a proporcionar los mejores coeficientes de correlación, en torno a 0.9, no encontrándose diferencias significativas al emplear las distintas correcciones geofísicas. En el punto 2 tampoco se aprecian diferencias significativas entre las distintas correcciones, aunque el número de datos utilizando INSTR vuelve a ser sensiblemente inferior respecto a DORIS. En el punto 4, también se obtiene una buena correlación entre los datos altimétricos y los datos *in-situ* para todas las series de AINM analizadas.

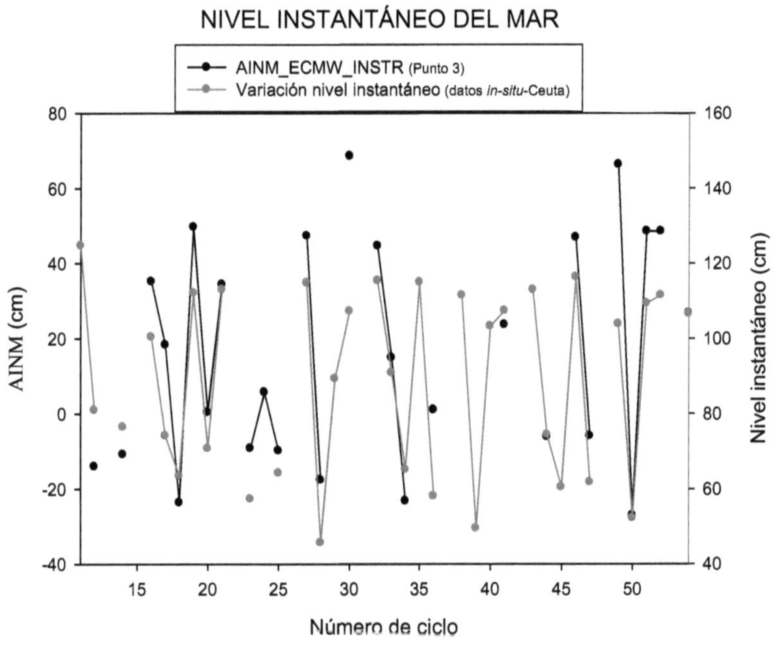

Figura 6.- Comparación de la variación del nivel instantáneo del mar a partir de datos observados (rojo): mareógrafo de Ceuta y, los datos altimétricos (negro) en el punto 3.

Tabla 7.- Análisis estadístico para las AINM de los puntos 2,3 y 4 respecto al mareógrafo de Ceuta. En la tabla se presentan el número de datos analizados así como el coeficiente de correlación obtenido.

PUNTO 2 36°8'57.36"N, 5°24'14.26"W			PUNTO 3 36°1'5.61"N, 5°26'36.36"W			PUNTO 4 35°57'9.68"N, 5°27'47.27"W		
Distancia al mareógrafo 22.61 km	Número de datos	r	Distancia al mareógrafo 17.42 km	Número de datos	r	Distancia al mareógrafo 14.44 km	Número de datos	r
AINM_MWR_DORIS	19	0.67	AINM_MWR_DORIS	26	0.88	AINM_MWR_DORIS	34	0.75
AINM_ECMWF_DORIS	19	0.71	AINM_ECMWF_DORIS	26	0.88	AINM_ECMWF_DORIS	34	0.78
AINM_MWR_INSTR	10	0.65	AINM_MWR_INSTR	26	0.88	AINM_MWR_INSTR	33	0.77
AINM_ECMWF_INSTR	10	0.69	AINM_ECMWF_INSTR	26	0.89	AINM_ECMWF_INSTR	33	0.78

5.3. Corrección de marea

La marea oceánica representa más del 80% de la variabilidad del nivel del mar. Las variaciones del nivel del mar debido a la marea en océano abierto son de 10 – 60 cm, incrementándose al aproximarse a costa y mares marginales. Si deseamos estudiar la variabilidad de largo periodo del nivel del mar se debe eliminar el efecto de marea, ya que este efecto contamina las señales de baja frecuencia del radar altimétrico.

Se han estudiado series temporales de anomalía de nivel del mar eliminando el efecto producido por la marea (marea oceánica, polar y terrestre sólida), manteniéndose solamente las oscilaciones debidas agentes meteorológicos (corrección dinámica atmosférica). Para eliminar el efecto de marea de los datos altimétricos se han utilizado dos correcciones de marea GOT00.2b y FES2004. Cada una de ellas está basada en los resultados obtenidos por dos modelos de marea a escala global. Estudios anteriores han demostrado que estas correcciones eliminan de forma adecuada la componente de marea en zonas bastante cercanas a la zona de estudio del presente trabajo, como el Golfo de Cádiz (López-León, 2009).

Para determinar cuál de las correcciones de marea es la que mejor ajuste proporciona con los datos *in-situ* en la zona de estudio, se han generado cuatro series temporales con diferentes correcciones: con correcciones troposférica húmeda (MWR y ECMWF) y con correcciones de marea (GOT00.2b y FES2004). En este caso la corrección ionosférica que se ha utilizado ha sido la corrección del instrumento DORIS, ya que es la que proporciona un mayor número de datos altimétricos válidos.

Respecto a los datos *in-situ*, lógicamente debe eliminarse también el efecto de la onda de marea. Para ello se ha calculado a partir de los datos horarios de la altura del nivel del mar el nivel medio diario. Dicho nivel medio diario será el que se compare con los datos altimétricos.

Para cada uno de los puntos altimétricos se han generado series temporales de anomalía del nivel del mar (SLA) una vez eliminada la corrección de marea:

- SLA_MWR_GOT: Anomalía del nivel del mar teniendo en cuenta la corrección troposférica húmeda radiométrica propia del radiómetro MWR y el modelo GOT00.2b para la corrección de marea.

- SLA_ECMWF_GOT: Anomalía del nivel del mar teniendo en cuenta la corrección troposférica húmeda empleando el modelo meteorológico ECMWF y el modelo GOT00.2b para la corrección de marea.

- SLA_MWR_FES: Anomalía del nivel del mar teniendo en cuenta la corrección troposférica húmeda radiométrica propia del radiómetro MWR y el modelo FES2004 para la corrección de marea.

- SLA_ECMWF_FES: Anomalía del nivel del mar teniendo en cuenta la corrección troposférica húmeda empleando el modelo meteorológico ECMWF y el modelo FES 2004 para la corrección de marea.

Mareógrafo de Algeciras

A partir de la comparación de los datos altimétricos con las medias diarias del nivel del mar obtenido a partir de los datos registrados por el mareógrafo de Algeciras, en ninguno de los puntos de estudio se han obtenido coeficientes de correlación estadísticamente significativos a un nivel de confianza del 95%.

Mareógrafo de Tarifa

Al comparar la variación del nivel medio del mar a partir de los datos altimétricos y los datos *in-situ* (Fig.7), se observan algunas diferencias importantes en las oscilaciones de alta frecuencia. Los resultados del análisis de correlación se pueden resumir en: los puntos altimétricos 2 y 4 no presentan una correlación estadísticamente significativa con el nivel medio diario medido en Tarifa.

Respecto al punto 3 (Tabla 8), los coeficientes de correlación obtenidos si son estadísticamente significativos, no apreciándose una diferencia significativa al utilizar una corrección u otra, es decir con los dos modelos de marea comparados, ni entre la corrección radiométrica utilizada.

Se debe señalar que los coeficientes de correlación obtenidos cuando se elimina el efecto de la marea de los datos altimétricos e *in-situ,* son en torno a un 30% inferiores que los coeficientes obtenidos en las series de AINM.

Mareógrafo de Ceuta

De nuevo, se compara la variación del nivel medio diario del mar a partir de datos altimétricos y datos observados (Fig.8). Los resultados encontrados son similares a los comentados para el caso del mareógrafo de Tarifa. En los puntos 2 y 4, se vuelve a encontrar que los resultados obtenidos no son estadísticamente significativos. Es en el punto 3 donde los coeficientes de correlación son estadísticamente significativos (Tabla 9). En este caso si puede apreciarse una ligera mejoría al aplicar el modelo de marea FES2004, respecto al modelo GOT00.2b.

En la comparación hecha con este mareógrafo, los coeficientes de correlación al aplicar la corrección de marea vuelven a ser inferiores, en torno a un 25%, que los coeficientes obtenidos con las series de AINM.

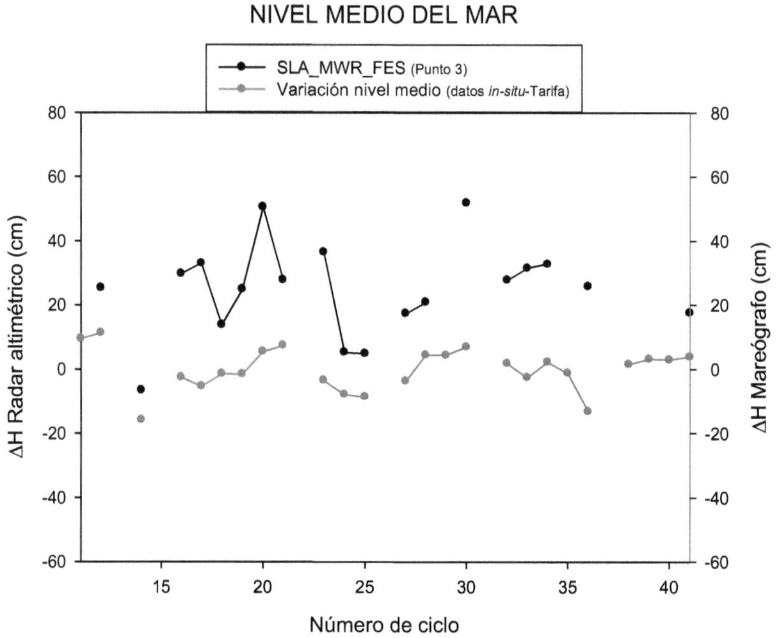

Figura 7.- Comparación de la variación del nivel medio del mar a partir de datos observados (rojo): mareógrafo de Tarifa y, los datos altimétricos (negro) en el punto 3.

Tabla 8.- Análisis estadístico para las SLA del punto 3 respecto al mareógrafo de Tarifa. En la tabla se presentan el número de datos analizados así como el coeficiente de correlación obtenido.

PUNTO 3 **36º1'5.61"N, 5º26'36.36"W**		
Distancia al mareógrafo 14.24 km	Número de datos	r
SLA_MWR_GOT	19	0.56
SLA_ECMWF_GOT	19	0.56
SLA_MWR_FES	19	0.58
SLA_ECMWF_FES	19	0.58

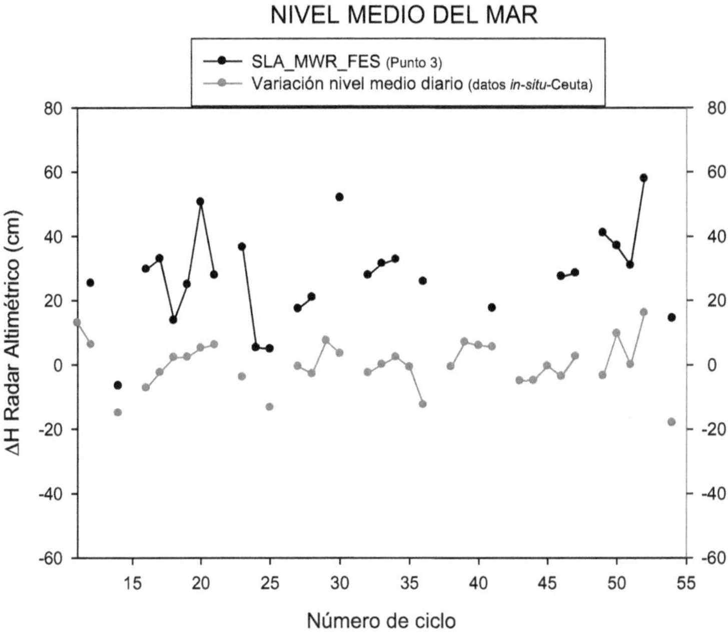

Figura 8.- Comparación de la variación del nivel medio del mar a partir de datos observados (rojo): mareógrafo de Ceuta y, los datos altimétricos (negro) en el punto 3

Tabla 9.- Análisis estadístico para las SLA del punto 3 respecto al mareógrafo de Ceuta. En la tabla se presentan el número de datos analizados así como el coeficiente de correlación obtenido.

PUNTO 3 36°1'5.61"N, 5°26'36.36"W		
Distancia al mareógrafo 17.42 km	Número de datos	r
SLA_MWR_GOT	26	0.58
SLA_ECMWF_GOT	26	0.56
SLA_MWR_FES	26	0.64
SLA_ECMWF_FES	26	0.63

6. DISCUSIÓN Y CONCLUSIONES

La proximidad a costa supone un problema en aquellos puntos altimétricos que se encuentran muy cercanos a tierra. En este trabajo, se han analizado cuatro puntos altimétricos, los cuales tienen en común el encontrarse muy próximos a costa. Las señales altimétricas (Rango) cercanas a tierra se ven contaminadas por la presencia de esta. El efecto de la proximidad a tierra queda constatado con los porcentajes de valores anómalos de Rango obtenidos en los puntos 1 y 2 (especialmente en el primero). El punto 1 se encuentra en el interior de la Bahía de Algeciras, a una distancia aproximada de 3 km a tierra, con lo que la contaminación de tierra sobre la *huella* de la señal altimétrica ha originado un descenso muy significativo en el número de valores de Rango "válidos". Por este motivo, el punto 1 no fue tenido en cuenta en posteriores análisis. A medida que el satélite se va alejando de la costa en su trayectoria descendente, los puntos de muestreo altimétricos en el Estrecho de Gibraltar muestran menores porcentajes de valores anómalos de Rango. En estos puntos, la influencia de la tierra es prácticamente nula.

La cercanía a costa afecta también a algunas de las correcciones geofísicas aplicadas a las medidas altimétricas. Fundamentalmente, corrección troposférica húmeda, corrección ionosférica y corrección por marea. La corrección troposférica húmeda obtenida a partir del radiómetro (MWR) es una de las que más errores introducen en las medidas altimétricas próximas a costa, ya que la presencia de tierra contamina también la *huella* de la señal radiométrica. Esta *huella* es más grande que la de la señal altimétrica, por lo que cabría pensar que el efecto de la contaminación terrestre degradara de forma significativa dicha corrección. Sin embargo, los resultados obtenidos utilizando esta corrección no son cualitativamente diferentes a los obtenidos con el modelo ECMWF.

En cuanto a la corrección ionosférica obtenida a partir de las medidas de Rango (INSTR), no se aprecian diferencias en las correlaciones obtenidas respecto a las obtenidas con el instrumento DORIS. En el segundo punto de estudio el número de datos disponibles con INSTR es inferior al obtenido con

DORIS. La mayor cercanía de la costa en este segundo punto explicaría esta disminución en el número de datos válidos.

Por lo tanto, no se observan diferencias significativas en las series analizadas en función de las correcciones radiométrica e ionosférica utilizadas.

De los tres puntos altimétricos de estudio, es el tercero donde se obtienen mejores coeficientes de correlación (0.9), tanto en el mareógrafo de Ceuta como de Tarifa. En el caso de la comparación con el mareógrafo de Algeciras, es este punto 3 el único en el que obtienen resultados estadísticamente significativos, aunque los coeficientes de correlación bajan a 0.7. El corto periodo de tiempo utilizado con este mareógrafo podría explicar estos resultados.

En la Bahía de Algeciras la validación de los datos altimétricos sólo pudo realizarse en el punto 2, situado en la boca de entrada de la Bahía. Sin embargo, los resultados obtenidos no fueron estadísticamente significativos, lo cual no permite obtener ninguna conclusión al respecto.

Al aplicar la corrección de marea a los datos altimétricos el único punto con resultados estadísticamente significativos es el número 3. Ahora bien, los coeficientes de correlación obtenidos son un 30% inferior a los obtenidos con las AINM (en las que no se eliminaba la marea). De las dos correcciones de marea analizadas, la basada en el modelo FES2004 es la que presenta un mejor ajuste entre los datos altimétricos (punto 3) y las medidas *in-situ*.

Trabajos anteriores, López-León (2009), han demostrado que en la zona del Golfo de Cádiz los coeficientes de correlación encontrados entre los datos altimétricos utilizando la corrección de marea FES2004 y los niveles medios diarios obtenidos a partir de datos *in situ* son en torno a 0.9. Por el contrario, en este trabajo se ha demostrado que en la zona del Estrecho de Gibraltar este coeficiente es inferior (0.6). Esta diferencia se podría explicar debido a que nuestra zona de estudio presenta características dinámicas muy complejas, por lo que los modelos de marea globales no predicen con exactitud la altura del nivel del mar debido a la marea. La forma de mejorar las correlación podría hacerse aplicando modelos locales de marea que permitan determinar la variación del nivel del mar por el efecto de la marea en los puntos altimétricos, con una mayor precisión.

8. FUTURAS LÍNEAS DE INVESTIGACIÓN

Para poder dar respuesta a los interrogantes aparecidos a partir de los resultados obtenidos, se precisaría de un trabajo más exhaustivo en el que se incluyesen series temporales de medidas *in-situ* de mayor duración temporal. Además, sería interesante estudiar la respuesta oceánica a las variaciones de presión atmosférica y viento. Con el fin de poder eliminar el efecto de las mareas sobre los datos altimétricos, se precisaría de un modelo de marea local para la zona de estudio. Posteriormente, sería necesario determinar la correlación con los datos *in-situ*. Con el objetivo de mejorar la disponibilidad de información altimétrica en el interior de la Bahía de Algeciras, podría utilizarse el producto de alta resolución espacial CGDR, generado a partir del procesador desarrollado por el proyecto COASTALT, ya que este genera un producto altimétrico a 18 Hz, lo que supone obtener medidas cada 750 m a lo largo de la traza del satélite (frente a los 7 km de las medidas a 1 Hz), ampliándose con ello el número de puntos de estudio.

9. AGRADECIMIENTOS

La autora del presente trabajo agradece a Puertos del Estado y al Instituto Español de Oceanografía, la cesión de los datos oceanográficos procedentes de los mareógrafos utilizados, así como a la Agencia Espacial Europea por el uso de los datos altimétricos procedentes del sensor RA-2, a bordo del satélite Envisat.

BIBLIOGRAFÍA

- AVISO. http://aviso.oceanobs.com
- Armi, L., and Farmer, D. M., 1985. The internal hydraulics of the Strait of Gibraltar and dissociated sills and narrows. *Oceanologica Acta* Vol. 8, 1, pp. 37-46.
- Anzenhofer, M., Shum, C. K., and Rentsh, M., 1999. Coastal altimetry and applications. Tech. Rep. n. 464, Geodetic Science and Surveying, The Ohio State University Columbus, USA.
- Beckers, M., and Fenoglio, L., 2006. Altimetrie und Geoid im Küstenbereick im Vergleich zu Gezeitenpegeln. http://www.geod.uni-bonn.de/apmg/lehrstuhl/dgk/Weltsystem/Becker_CiastalAltimtry.pdf
- Brooks, R.L., Lockwood, D.W., Lee, J.E., Handcock, D.W., III, and Hayne, G.S., 1998. Land effects on TOPEX radar altimeter measurements in Pacific Rim coastal zones. *Remote Sensing of the Pacific by Satellites*. R.A. Brown, Ed. Glebe, Australia: Earth, Ocean. & Space Pty., pp. 175-198.
- Bruno, M., Alonso, J.J., Cózar, A., Vidal, J., Ruiz-Cañavate, A., Echevarría, F., and Ruiz, J., 2002. The boiling-water phenomena at Camarinal Sill, the Strait of Gibraltar. *Deep-Sea Research II* 49, pp. 4097-4113.
- Cazenave, A., and Nerem, R.S., 2004.Present-day sea level change: Observations and causes. *Reviews of Geophysics*, 42, RG3001, doi: 10.1029/2003RG000139.
- Chelton, B. C., Ries, J. C., Haines, B. J., Fu, L., and Callahan, P. S., 2001. Satellite altimetry. InL. Fu & A. Cazenave (Eds.), *Satellite Altimetry and Earth Sciences: A Handbook of Techniques and Applications*, pp. 1-131. Academic Press.
- CIOSS. Cooperative Institute for Oceanographic Satellite Studies. http://cioss.coas.oregonstate.edu
- COASTALT Product Specification, 2011. Version 2.0 rev 3.

- Connor, L.N., Laxon, S. W., Ridout, A.L., Krabill, W.B., and McAdoo, D.C., 2009. Comparison of Envisat radar and airbone laser altimeter measurements over Artic sea ice. *Remote Sensing of Environment,* 113, pp. 563-570.

- Crout, R.L., 1998. Coastal currents from satellite altimetry. *Sea Technology,* 8, pp. 33-37.

- Deng, X., Featherstone, W. E., Hwang, C., and Berry, P. A. M., 2002. Estimation of contamination of ERS-2 and POSEIDON satellite radar altimetry close to the coasts of Australia. *Marine Geodesy.*, 25, pp. 249-271, doi: 10.1080/014904102900515 7.

- Deng, X., and Featherstone, W.E., 2006. A coastal retracking system for satellite radar altimeter waveforms: Application to ERS-2 around Australia. *Journal of Geophysical Research*, 111, C06012, doi: 10.1029/2005JC003039.

- Dong, X., Moore, P., and Bingley, R., 2002. Absolute calibration of the TOPEX/POSEIDON altimeter using UK tide gauges, GPS, and precise local geoid-differences. *Marine Geodesy.*, 25, 189-204.8741 – 8743.

- ESA, 2006. ENVISAT RA-2/MWR Level 2 User Manual 1.2

- Fernandes, M.J., Bastos, L., and Antunes, M., 2002. Coastal Satellite Altimetry – Methods for Data Recovery and Validation. 3rd Meeting of the International Gravity and Geoid Comission *"Gravity and Geoid 2002"* – August 26 – 30 2002 Thessaloniki.

- García-Lafuente, J. M., 1986. Variabilidad del nivel del mar en el Estrecho de Gibraltar: marea y oscilaciones residuales. Tesis Doctoral, Universidad de Málaga, Málaga, 154 pp.

- García-Lafuente, J. M., Vargas, J.M., Plaza, F., Sarhan, T., Candela, J., and Basheck, B., 2000. Tide at the eastern section of the Strait of Gibraltar. *Journal of Geophysical Research,* 105 (C6), pp. 14197-14213.

- González, M., García, M. A., Espino, M., y Sánchez-Arcilla, A., 1995. Un modelo numérico en elementos finitos para la corriente inducida por la marea. *Aplicaciones al Estrecho de Gibraltar. Revista internacional de métodos numéricos para cálculo y diseño en ingeniería*, Vol. 11 (3), pp. 383-400.

- González, C.J., Chioua, J., Álvarez, O., Mañanes, R., 2009. Modelado 3D de la hidrodinámica mareal en la bahía de Algeciras. Resultados preliminares. X Jornadas españolas de costas y puertos. Septiembre 2009, pp. 261-270. ISBN: 978-84-86116-11-8.

- González-Fernández, D., 2009. Estudio de la calidad ambiental de los sedimentos marinos de la Bahía de Algeciras. Tesis Doctoral, Universidad de Cádiz, Cádiz.

- Hernández, F., and Schaeffer, P., 2001. The CLS01 Mean Surface: A validation with the GSFC00.1 surface, CLS, Ramonville St Agne.

- Izquierdo, A., 1999. Simulación de las mareas barotrópicas y del balance energético de mareas en el Estrecho de Gibraltar con el uso de un modelo numérico en coordenadas curvilíneas. Tesis Doctoral, Universidad de Cádiz, Cádiz, 103 pp.

- Liebsch, G., Novotny, K., Dietrich, R., and Shum, C.K., 2002. Comparison of Multimission Altimetric Sea-Surface Heights with Tide Gauge Observations in the Southern Baltic Sea. *Marine Geodesy*, 25, pp. 213 – 234.

- Lillibridge, J., 2005. Coastal Altimetry Challenges, CIOSS Working Groups Meeting, http://cioss.coas.oregonstate.edu/CIOSS/workshops/Working_Groups_meeting_05/Working_Groups_Presentations/Lillibridge_CIOSS_Coastal_Alt.ppt

- López-León, P., 2009. Variaciones del nivel medio del mar en el golfo de Cádiz. Comparación entre datos altimétricos y datos *in-situ*. Tesis de máster en Oceanografía, Universidad de Cádiz.

- Manzella, G.M.R., Borzelli, G.L., Cipollini, P., Guymer, T.H., Snaith, H.M., and Vignudelli, S., 1997. Potential use os satellite data to infer the circulation dynamics in a marginal area of the Mediterranean Sea, *ESA SP-414 Proc. Of 3rd ERS Symposium – Space at the Service of our Environment,* Florence (Italy), 17-21 March 1997, Vol.3, pp. 1461-1466, European Space Agency.

- Mañanes, R., 1996. Interacción no lineal entre los flujos subinerciales y mareales asociados al régimen barotrópico en el Estrecho de Gibraltar. Tesis Doctoral, Universidad de Cádiz, Cádiz, 122 pp.

- Martinez-Benjamin, J.J., Martinez, M., Ortiz, M.A., Dávila, J.M., Garate, J., Perez, B., and Bonnefond, P., 2010. Campañas altimétricas de calibración del TOPEX y Jason-1 en el Mediterráneo occidental. Latin American Remote Sensing Week 2010.

- Morillo, J., and Usero, J., 2008. Trace metal bioavailability in the waters of two different habitats in Spain: Huelva estuary and Algeciras Bay. *Ecotoxicology and Environmental Safety* 71 (3), pp. 851-859.

- Plan de calidad ambiental del Campo de Gibraltar, 2008. Diagnóstico ambiental del medio acuático y evaluación de la contaminación acústica en el Campo de Gibraltar: Medio acuático litoral y aguas subterráneas. Fase II, Informe IV. Universidad de Cádiz.

- REDMAR, 2009. Red de Mareógrafos de Puertos del Estado. Informe anual.

- Red Mareográfica Instituto Español de Oceanografía. http://www.ieo.es/indamar/mareas/formulario_datos.htm

- Roblou, L., and Lyard, F., 2004. Retraiment des données altimétriques satellitaires pour des applications cotières en Mer Méditerranée. *Tech. Rep.* POC-TR-09 – 04, 15 pp., Pole d'Océanogr. Cotière, Touluse, France.

- Roca M., Martínez, D., and Reche, M., 2007. The RA-2 individual echoes processing description and some scientific results. *Geoscience and Remote Sensing Symposium*. IGARSS, 2007. IEEE International, Barcelona 3-28 July 2007, pp. 3541-3546. Envisat Symposium.

- Rosmorduc, V., Benveniste, J., Bronner, E., Dinardo, S., Lauret, O., Maheu, C., Milagro, M., and Picot, N., 2011. Radar Altimetry Tutorial. J. Benveniste and N. Picot Ed., http://www.altimetry.info

- Shum, C.K., Parke, M.E., Schutz, B.E., Abusali, P.A.M., Gutierrez, R., Pekker, T., Tapley, B.D., Martínez-Benjamin, J.J., Blaha, J., Jacobs, G., Jeffress, G.A., Schaudt, K.J., and Wingham, D.J., 1998. Improvement of TOPEX/POSEIDON altimeter data for global change studies and coastal application. *AVISO Altimetry Newsletter* 6, pp. 102-103.

- Tejedor, L., Izquierdo, A., Kagan, B.A., and Sein, D.V., 1999. Semidiurnal tides in the Strait of Gibraltar. *Journal of Geophysical Research*, 104, pp. 13541-13557.

- Vázquez, A., 2006. Ondas internas en el Estrecho de Gibraltar y procesos de mezcla inducidos. Tesis Doctoral, Universidad de Cádiz, Cádiz, 282 pp.

- Vignudelli, S., Cipollini, P., Astraldi, M., Gasparini, G. P., and Manzella, G.M. R., 2000. Integrated use of altimeter and in situ data for understanding the water exchanges between the Tyrrhenian and Ligurian Seas. *Journal of Geophysical Research*, 105, 19, pp. 649-19, 663.

- Vignudelli, S., Cipollini, P., Roblou, L., Lyard, F., Gasparini, G.P., Manzella, G., and Astraldi, M., 2005. Improved satellite altimetry in coastal systems: Case study of the Corsica Channel (Mediterranean Sea). *Journal of Geophysical. Research,* 32, L07608, doi: 10.1029/2005GL022602.

- Yi, Y., Lee, H., Ibaraki, M., and Shum, C.K., 2006. Louisiana Wetland Monitoring Using TOPEX/POSEIDON Altimetry, *Eos Trans.* AGUS, 87 (52), Fall Meet. Suppl., Abstract H23A-1464.